VOYAGE MÉTALLURGIQUE
EN ANGLETERRE,

OU

Recueil de Mémoires

SUR LE GISEMENT, L'EXPLOITATION ET LE TRAITEMENT DES MINERAIS DE FER, ÉTAIN, PLOMB,
CUIVRE ET ZINC,

DANS LA GRANDE-BRETAGNE.

Tome Premier.

ATLAS.

Paris,

BACHELIER, IMPRIMEUR-LIBRAIRE POUR LES SCIENCES,
QUAI DES AUGUSTINS, 55.

1837

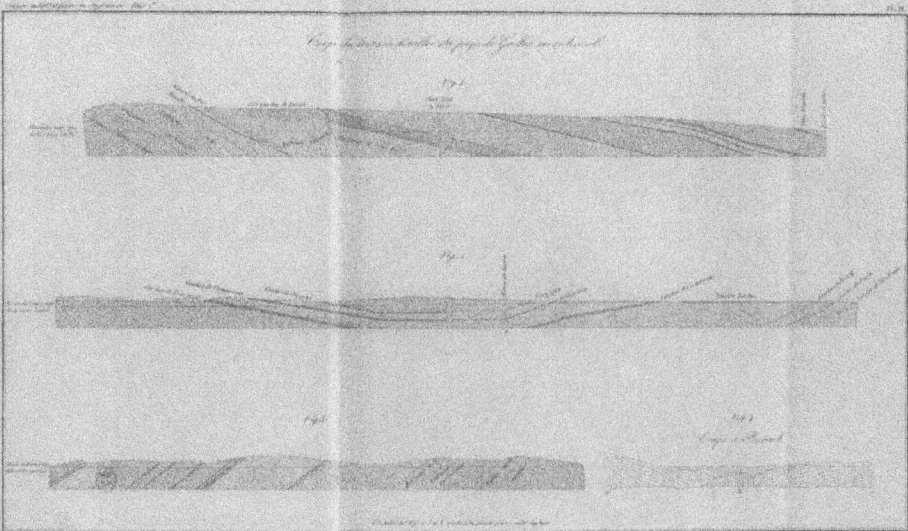

Coupe de terrain horrible des puits de Liège, en relevant.

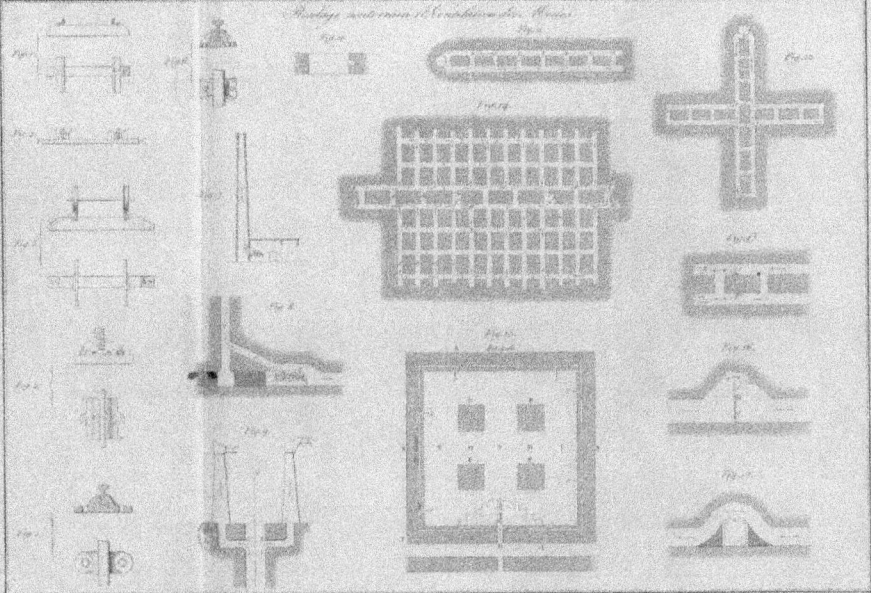

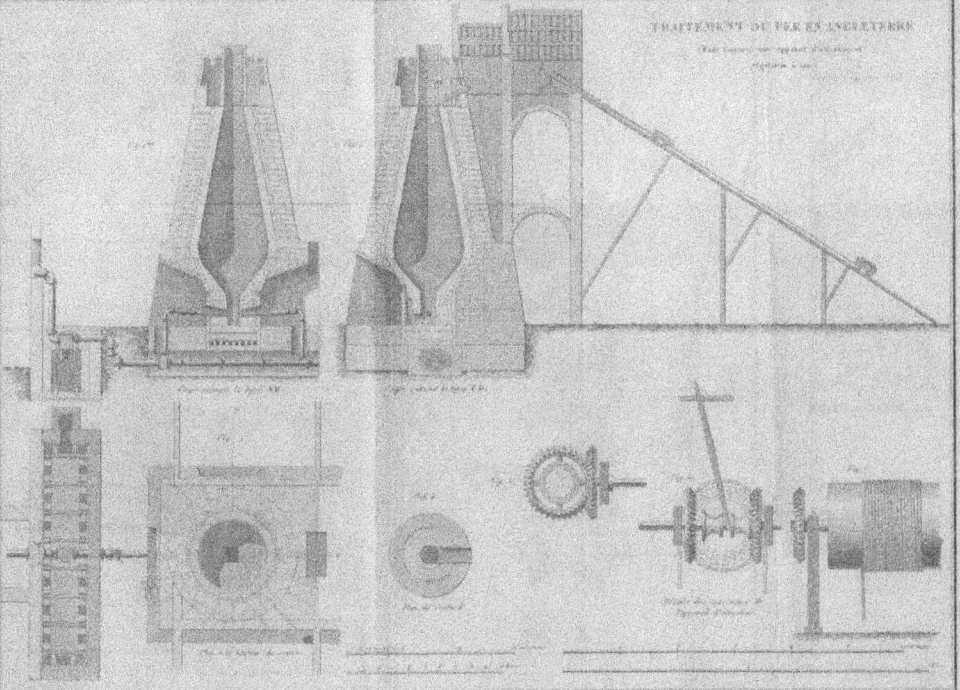

Pl. 15

TRAITEMENT DU FER EN ANGLETERRE

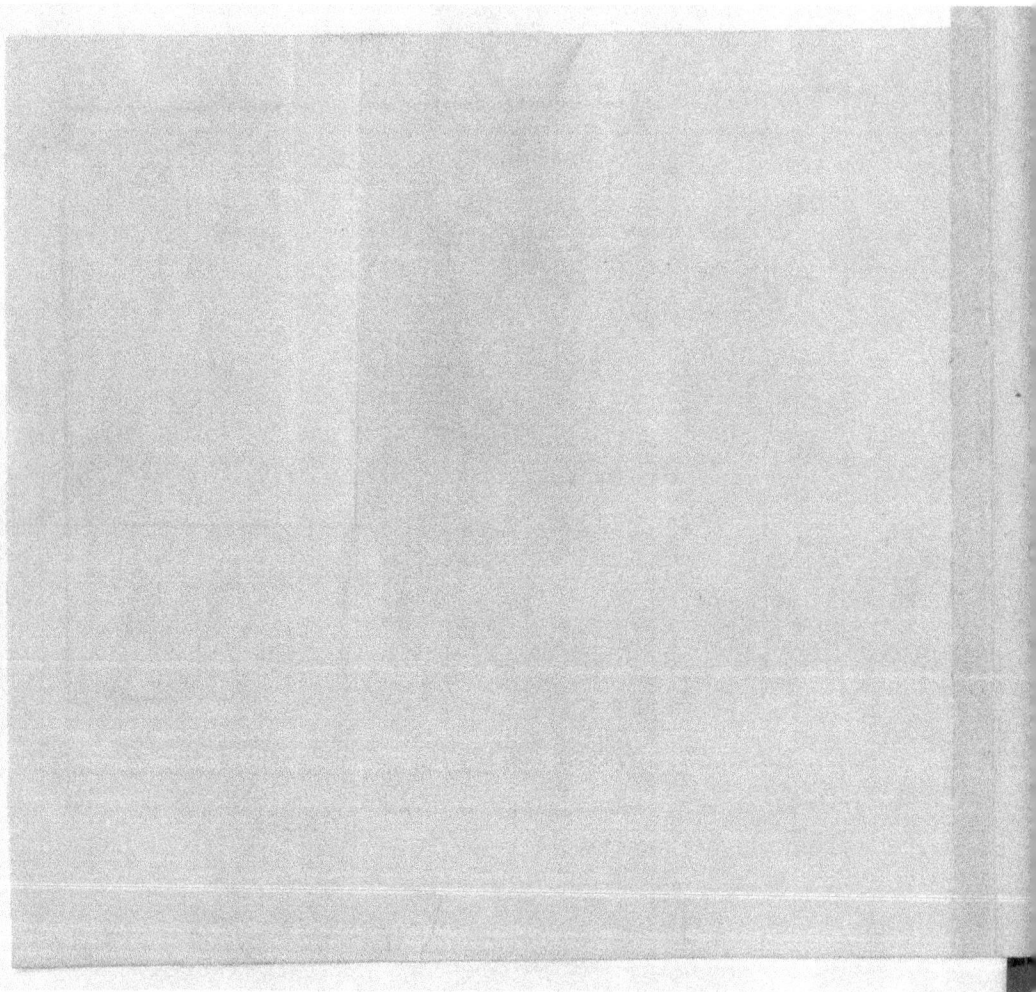

Plans généraux des Raffineries et des Fours de Guilde

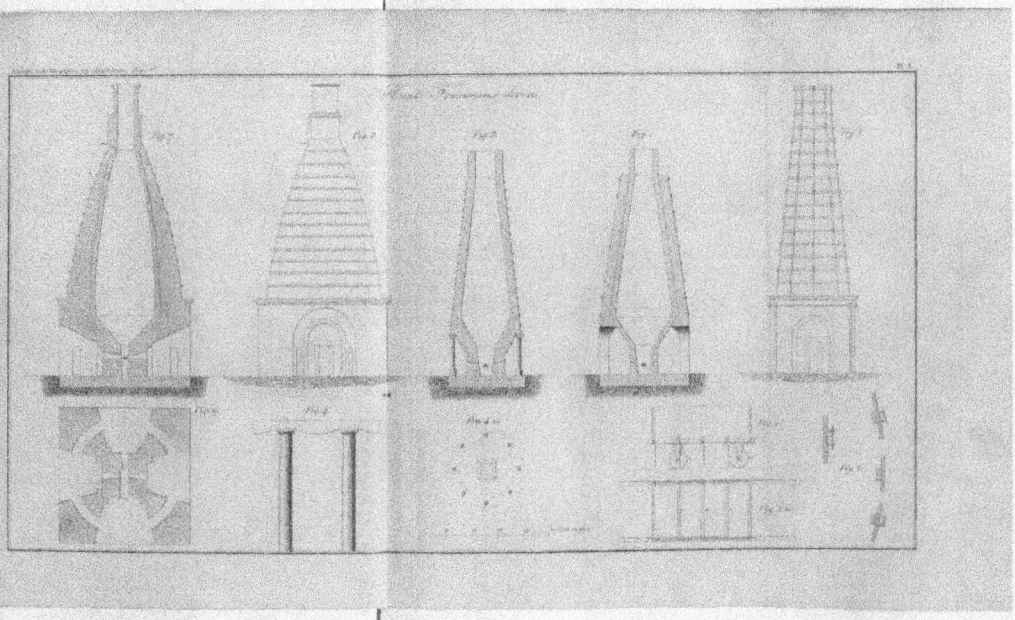

Hauts fourneaux d'Essen

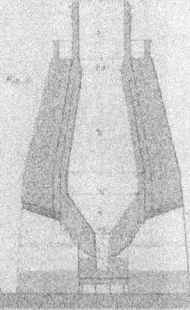
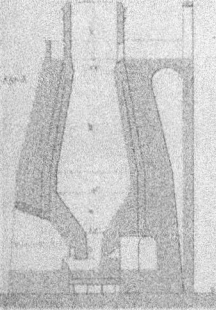

Coupe suivant A.B. Fig.1   Coupe suivant C.D. Fig.2   Fig.3   Fig.4   Fig.5   Fig.6

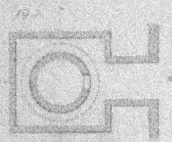

Fig.7   Plan vu de dessous du pourtour   Fig.11. Plan   Fig.12. Plan
                        Fig.8

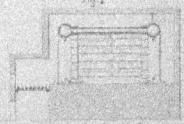

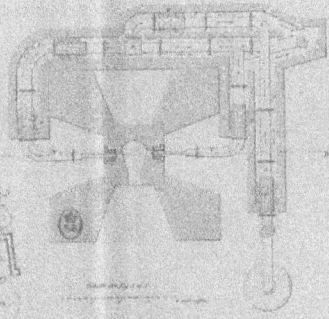

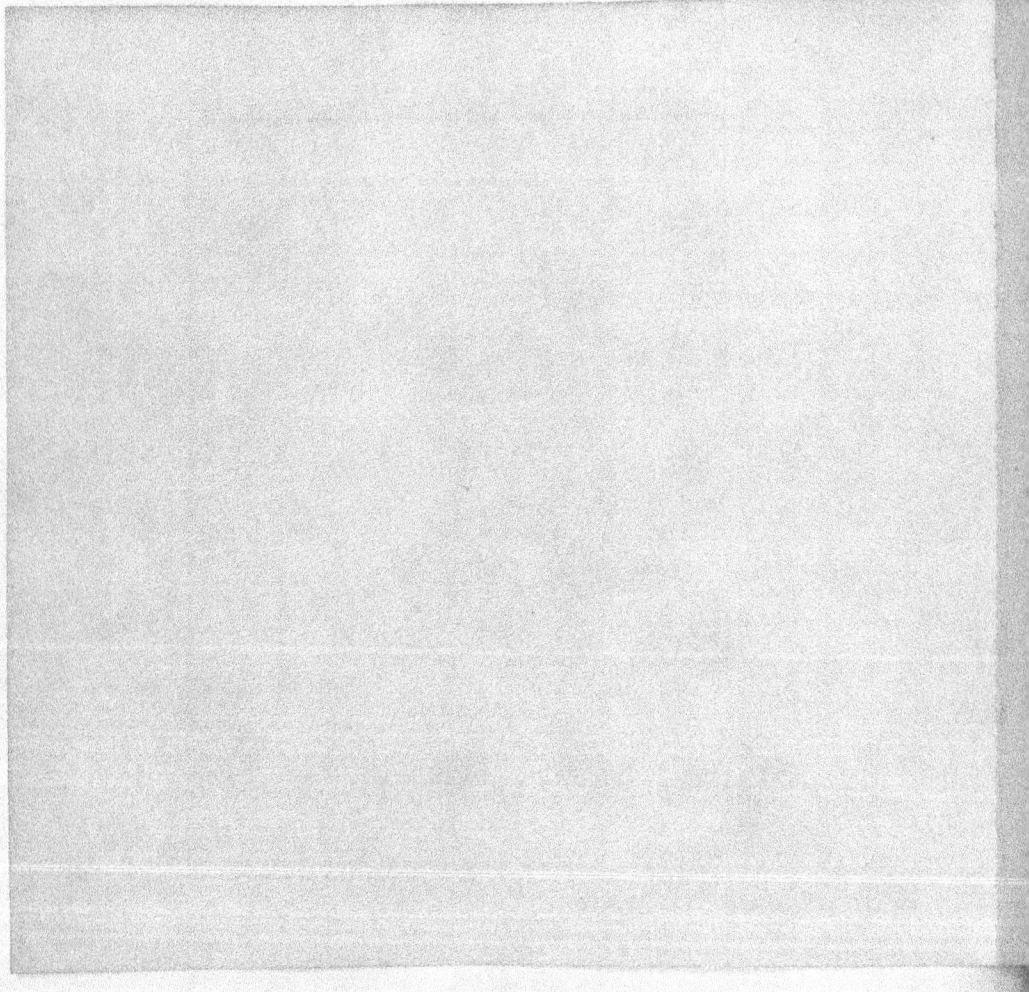

Appareils employés pour chauffer à les bains Marie à feu et à vapeur.

Appareil de Toirinley avec Bock.

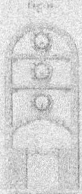

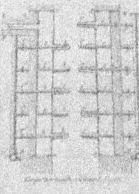

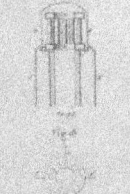

Appareil de Coulier à Feu.

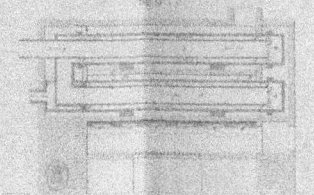

Traitement du Plomb en Angleterre.

Fourneau de Greslage.   Fourneau anglais. — Mine avec combustible.

Fig. 1.   Fourneau à réverbère.
Coupe suivant la ligne y. z.   Machine soufflante.   Coupe verticale.
                                                      Coupe du fourneau suivant la ligne M. O.   Fig. 3.
                                                             Fig. 2.

Fig. 4.   Fig. 5.   Fig. 6.
Plan de la machine soufflante.   Plan du fourneau anglais.   Plan du fourneau à réverbère.

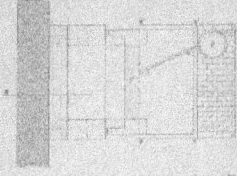
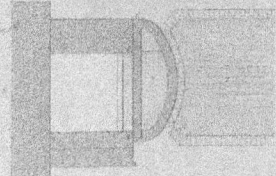

Échelle pour les figures.   Échelle pour les figures 3, 4, 5 et 6.

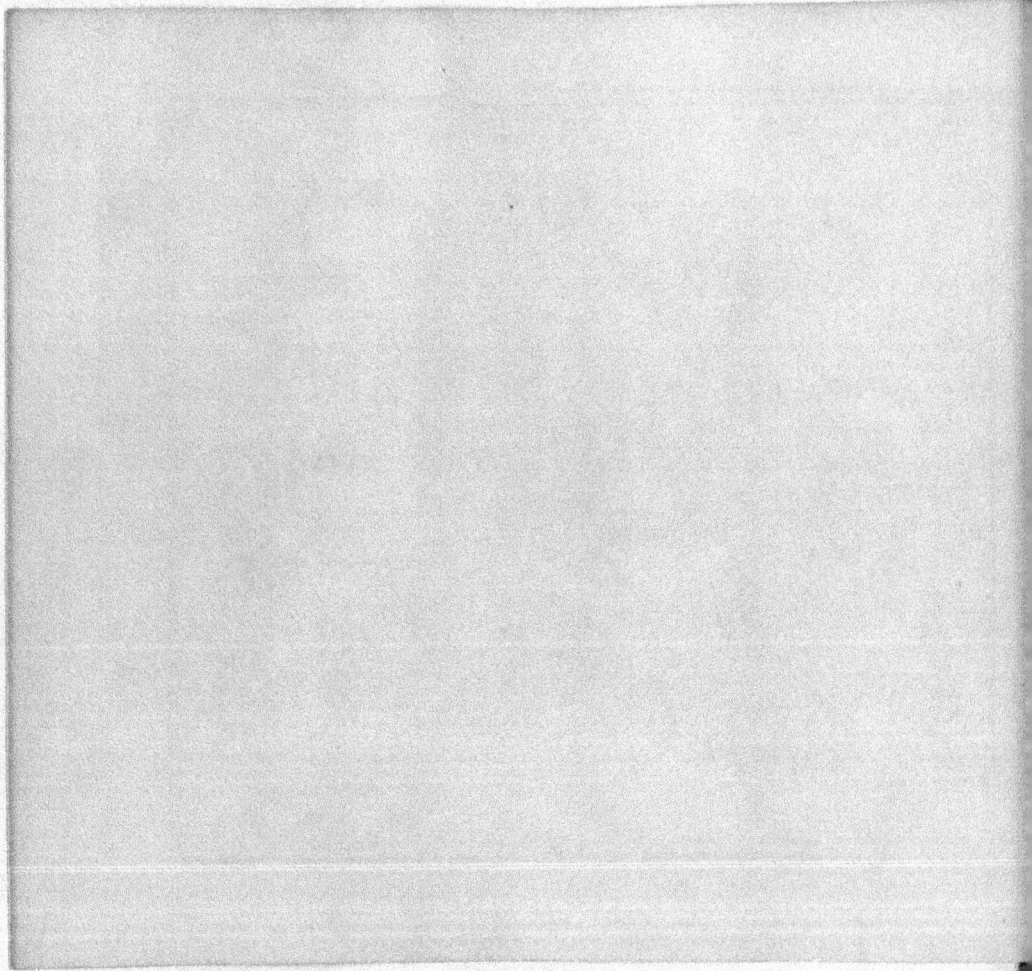

Appareil pour chauffer l'air — Plan et coupes de M. Frost, inventeur.

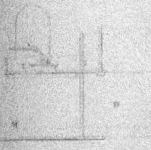

Fig. 1.
Elévation de l'appareil
suivant la ligne MN (Fig. 2)

Elévation
suivant la ligne MN (Fig. 2)

Coupe des quatre tuiles, prise des tuiles
pour l'eau à conduite des vapeurs
de l'intérieur   (de l'eau à l'air)

Fig. 3.

Fig. 5.

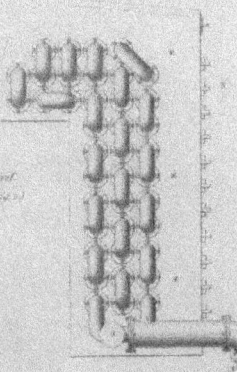

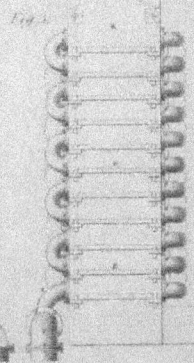

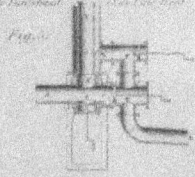

Elévation du cylindre   (Fig. 5)

Fig. 6.

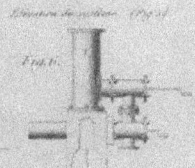

Fig. 2.   Plan inférieur de l'abre MN (Fig. 1)

Fig. 4.   Plan de l'appareil et de la demande de sauge

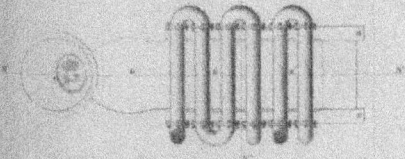

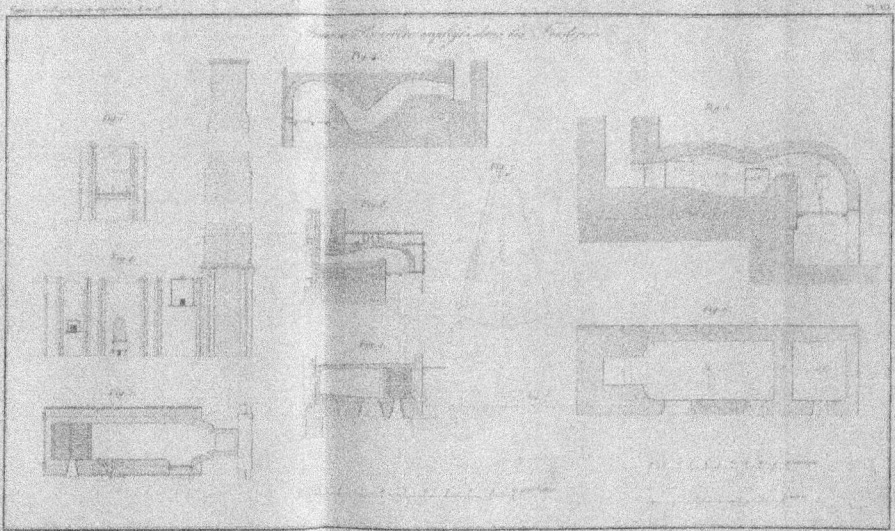

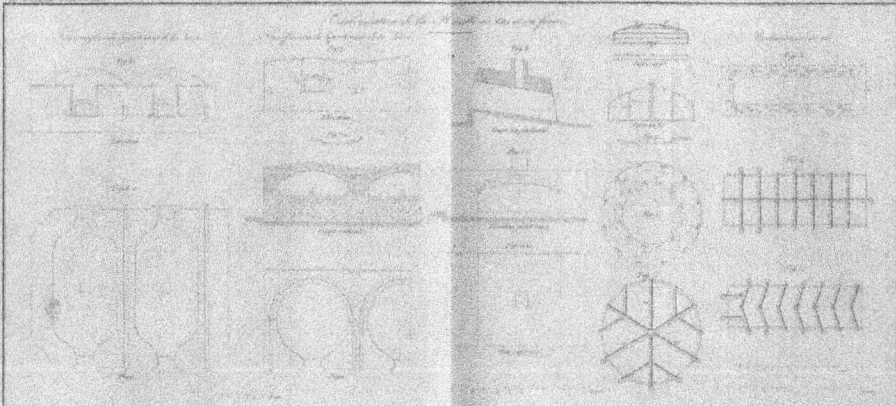

www.ingramcontent.com/pod-product-compliance
Lightning Source LLC
Chambersburg PA
CBHW060512210326

41520CB00015B/4207